Stefan Kuhles

Der Einsatz von Stirling-Maschinen als Kühlaggregat

GRIN Verlag

Bibliografische Information der Deutschen Nationalbibliothek:

Die Deutsche Bibliothek verzeichnet diese Publikation in der Deutschen National-
bibliografie; detaillierte bibliografische Daten sind im Internet über http://dnb.d-
nb.de/ abrufbar.

Impressum:

Copyright © 2004 GRIN Verlag GmbH
Druck und Bindung: Books on Demand GmbH, Norderstedt Germany
ISBN: 978-3-640-47481-3

Dieses Buch bei GRIN:

http://www.grin.com/de/e-book/48401/der-einsatz-von-stirling-maschinen-als-
kuehlaggregat

Hausarbeit
In den Erziehungs-, Gesellschaftliche-, Technik- und
Wirtschaftwissenschaftlichen Anteilen (EGTWA)
- hier-
Energie- und Umwelttechnik

an der
Helmut-Schmidt-Universität
Universität der Bundeswehr

Der Einsatz von Stirling- Maschinen als Kühlaggregat

<u>vorgelegt von:</u>
Stefan Kuhles

Hamburg, den 15.12.2004

Inhaltsverzeichnis

1. Einführung

Der Mensch strebt seit jeher danach, sein Leben leichter und erträglicher zu gestalten. Das geschieht oft dadurch, dass er versucht naturgegebene Gesetzmäßigkeiten außer Kraft zu setzen oder sich zumindest vor ihnen zu schützen. So wurde eine feste Behausung entwickelt, um sich vor Kälte und Witterung zu schützen. Es wurde das elektrische Licht erfunden, um sich gegen die Dunkelheit und die Gefahr von offenem Feuer zu wehren. Weiterhin wurde das Automobil gebaut, um sich möglichst schnell und Kräfte schonend von einem Punkt zum Anderen zu begeben. Und man entwickelte man Kühlschränke, um den Verfall von Nahrungsmitteln zu verlangsamen. Der Anspruch der Menschen, das Leben leichter zu machen, stieg immer mehr an. Aus diesem ansteigenden Bedarf an „un- natürlichen Dingen" entwickelte sich zwangsläufig ein immer höherer Energiebedarf, der mit Problemen verbunden ist. Wie man weiß, ist das Vorhandensein von Rohstoffreserven und Rohstoffressourcen zur Umwandlung zu nutzbarer Energie auf unserem Planeten begrenzt. Das bedeutet, dass wir die Energie, wie wir sie jetzt nutzen, nicht mehr lange nutzen können. In nächster Zukunft werden die Rohstoffvorkommen, die wir verwenden, um unsere benötigte Energie herzustellen, erschöpft sein. Ein weiteres Problem ergibt sich daraus, dass die Rohstoffe immer knapper und somit automatisch teurer für den Benutzer werden. Das ist das Prinzip der Marktwirtschaft. Dinge, die jeder braucht, die aber nur in begrenzten Maße vorhanden sind, steigen im Preis. Ein anderer Faktor spielt hier ebenso eine Rolle. In den letzten Jahren entwickelte man ein Verantwortungsbewusstsein für die nachfolgenden Generationen. Das bedeutet, dass man die Bedürfnisse des Menschen nicht auf jede Art und Weise befriedigen will, sondern zum Einen die Wirtschaftlichkeit beachtet, dass heißt das Kosten-Nutzen Denken. Zum Anderen schenkt man in seinen Planungen dem Problem der Rohstoffknappheit Beachtung. Aber seit geraumer Zeit, und das entwickelte sich aus diesem neuen Verantwortungsbewusstsein, sieht man sich neuen Rahmenbedingungen gegenüber gestellt. Man versucht jetzt nicht mehr nur die knappen Reserven und Ressourcen an Rohstoffen zu schonen, sondern auch die natürliche Umwelt an sich. Das heißt, dass heute Maschinen, die unsere Bedürfnisse befriedigen sollen, völlig neuen Anforderungen erfüllen müssen. Neben der sinkenden Umweltbelastung und der Kostensenkung für den

Verbraucher, kommt hinzu, dass sich durch Neuerungen in der Industrie und Wirtschaft die Anforderungen stetig wandeln. Das bedeutet also, dass man heute Maschinen konstruiert, die zum Einen den aktuellen Anforderungen entsprechen, zum Anderen das Rohstoffvorkommen möglichst wenig belasten, also am besten mit erneuerbaren Energieformen betrieben werden. Außerdem sollen sie so arbeiten, dass der Arbeitsprozess möglichst effektiv abläuft und somit Kosten für den Verbraucher gesenkt werden können. Und natürlich sollen sie so wenig wie möglich Schadstoffe wie FCKW verwenden und damit die Umwelt entlasten.

Die Forschung arbeitet intensiv an der Entwicklung immer neuerer Verfahren, um diesen Anforderungen zu genügen. Ein Gebiet auf dem besonders intensiv geforscht wird ist die Kältetechnik. Die Kältetechnik befasst sich mit den genau diesen Problemen. Einerseits benötigt in der Industrie immer tiefere Temperaturen. Um aber bei herkömmlichen Verfahren eine tiefe Temperatur zu erreichen, ist das nur in Verbindung mit einem gleichzeitigen Steigen des Energiebedarfes möglich. Häufig werden, um dennoch sehr tiefe Temperaturen zu erreichen, künstliche Kältemittel verwendet, die allerdings den Treibhauseffekt verstärken und daher eher ungeeignet sind. So zum Beispiel das teilhalogenierte Fluor- Chlor- Wasserstoff (H-FCKW), das als Ersatz für das reine FCKW verwendet wurde. Da es aber ebenso den Treibhauseffekt fördert, wurde es seit dem 01.01.2000 in allen neuen Anlagen verboten. Ein anderes Kältemittel ist Ammoniak, welches vernachlässigbar zum Treibhauseffekt beiträgt, es ist aber brennbar und giftig und daher auch ungeeignet. Oft findet auch flüssiger Stickstoff, der leicht und in großen Mengen herstellbar ist, Anwendung. Flüssiger Stickstoff kann den Kältebedarf für einige Anwendungen in der Industrie aber nur unzureichend abdecken, so dass er zwar immer noch eine gute Alternative ist, aber nur ungenügend in allen Gebieten angewandt werden kann.

Eine zusätzliche Möglichkeit bietet sich da durch den Stirling Motor. Dieser, schon im 19. Jahrhundert entwickelte Motor, war lange in Vergessenheit geraten, da er im Wettkampf mit OTTO- und DIESEL- Motor das Nachsehen hatte. In den 1950er Jahren aber griff die Firma „Philips" das Prinzip des Stirling Motors wieder auf und entwickelte daraus 1955 eine Kältemaschine zur Gasverflüssigung. Ob die Stirling- Kältemaschine die heutigen Anforderungen erfüllt und somit eine Alternative zu den bestehenden Kältemaschinen ist, wird sich im Folgenden herausstellen. Um diese Frage aber zu klären, soll zunächst einmal auf den Stirling- Prozess eingegangen werden.

2. Die Stirling- Kältemaschine

Bereits 1816 entwickelte Robert Stirling eine Maschine, die, im rechtsläufigen Prozess, nach dem Prinzip einer Wärmepumpe funktionierte. 1834 kam John Hershall als Erster auf die Idee eines linksläufigen Prozesses. Diese Idee wurde schließlich 1849 mit der ersten linksläufigen Stirling- Maschine realisiert. Dennoch vergingen gut 100 Jahre, bevor die Firma Philips im Jahre 1955 eine Stirling- Kältemaschine zur Gasverflüssigung in Serie produzierte und auf den Markt brachte. Trotzdem konnte sich die Stirling Kältemaschine nur in wenigen Bereichen etablieren und findet auch heute noch kaum Einsatz. Um zu klären warum dies so ist, soll zunächst der Stirling- Prozess im Idealfall erklärt werden. Da das Thema dieser Arbeit die Stirling- Maschine als Kältemaschine ist, wird vorrangig auf den linksläufigen Prozess eingegangen, der lediglich die Umkehrung des eigentlichen (rechtsläufigen) Stirling- Prozesses ist.

2.1. Der ideale Stirling- Prozess

Der ideale Stirling- Prozess ist ein geschlossener, regenerativer Gaskreisprozess, bei dem ein Arbeitsgas zweimal isotherm und zweimal isochor seinen Zustand ändert. Das Arbeitsmedium wird im Laufe des Vorgangs durch Veränderung des inneren Volumens des Prozessraumes und durch Einteilung dieses Raumes in Bereiche unterschiedlicher Temperatur komprimiert und expandiert. Das Arbeitsgas bewegt sich vom Warmen zum kalten Bereich, dabei gibt das Arbeitsmedium an den Regenerator (Speichermasse) Wärme ab, welche es auf dem Weg vom kalten Raum zum warmen wieder aufnimmt. Das Ergebnis dieses „thermodynamischen Kreisprozesses ist die Netto- Umwandlung von Wärme in Arbeit und umgekehrt." (Schiefelbein, K., 1997, S. 3).

In Bild 2-1 ist ein möglicher Einsatz eines Stirling- Prozesses dargestellt, an dem man die vier Phasen der Umwandlung erkennen kann.

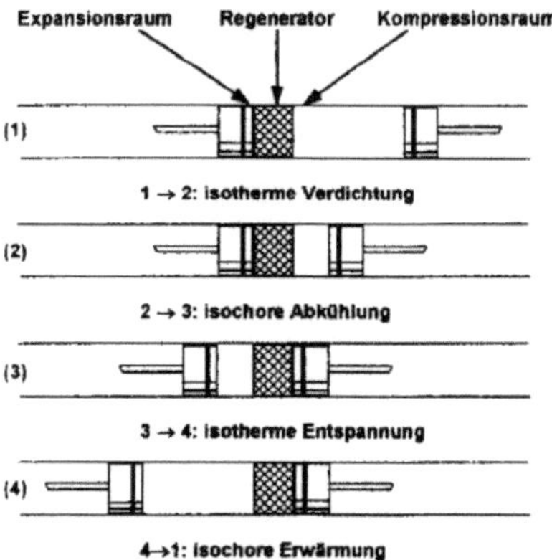

Bild 2-1: Mögliche Realisierung des idealen Stirling-Prozess (Mai, M.: 2003, S. 13)

Diese Stirling- Maschine besteht aus zwei gegenüberliegenden Kolben, davon ist der Linke der Expansionskolben und rechts der Kompressionskolben. Zwischen diesen Kolben befindet sich das Arbeitsgas und der Regenerator.

In der Ausgangslage ist das Arbeitsgas im warmen Kompressionsraum. Durch die Kolbenbewegung des Kompressionskolbens findet eine isotherme Verdichtung des Arbeitsgases statt, wobei die Kompressionswärme zugleich über die Zylinderwände an die Umgebung abgegeben wird. Im dritten Schritt bewegen sich beide Kolben gleichzeitig und das Arbeitsgas gibt die Wärme an die thermische Speichermasse (Regenerator) ab und verschiebt sich dabei vom Kompressions- in den Expansionsraum. Bei dieser Verschiebung hat sich das Arbeitsmedium abgekühlt. Man spricht hier von isochorer Abkühlung, das bedeutet, dass das Gas seine Temperatur ändert, aber das gleiche Volumen behält. Nun findet durch das Bewegen des Expansionskolbens die isotherme Ausdehnung statt, bei der das Gas sein Volumen ändert, aber nicht seine Temperatur. Das Arbeitsgas nimmt jetzt wieder Wärme aus der Umgebung durch die Zylinderwände auf. Mit der darauf folgenden isochoren Erwärmung bewegen sich beide Kolben wieder parallel in eine Richtung. Das Arbeitsgas geht vom Expansionsraum wieder zum Kompressionsraum über und nimmt dabei die vom Regenerator gespeicherte Wärme auf. Der Prozess kann von neuem beginnen.

Der Nutzen als Kältemaschine findet während der isothermen Ausdehnung statt, wenn im kalten Raum mit T_e Wärme q_{zu} aufgenommen wird. Im warmen Raum mit T_k wird die Wärme q_{ab} abgegeben, diese ist gleich der Kompressionswärme bei der isothermen Verdichtung.

Um nun die Arbeit berechnen zu können, die bei dem Prozess verrichtet wird, bedient man sich des ersten Satzes der Thermodynamik, nach dem alle ab- und zugeführten Energien im Kreisprozess gleich null sind. Das bedeutet, dass aus der Summe der Wärmemengen die Arbeit berechnet werden kann.

$$W = -q_{ab} - q_{zu}$$

Der Wirkungsgrad wird bei Kältemaschinen durch die Kälteleistung ε bestimmt. Sie ergibt sich aus dem Quotienten von Nutzen und Aufwand.

$$\varepsilon = \frac{q_{zu}}{q_{ab} - q_{zu}}$$

Damit der Stirling- Prozess ideal verläuft, muss die Wärmemenge, die bei der isochoren Abkühlung im Regenerator zwischengespeichert wird, gleich der Wärmemenge sein, die bei der isochoren Wärmeaufnahme dem Gas zugeführt wird. Die Wärmemenge im Regenerator steigt, wenn die Expansionstemperatur T_e steigt. Dagegen wird die Kälteleistung mit sinkender T_e kleiner. Die Temperatur der Wärmeabgabe ändert sich mit der Wärmemenge, die während der isothermen Kompression abgeführt wird. Bleibt die Temperatur der Wärmeabgabe gleich, steigt die Arbeit genauso wie die Kälteleistung sinkt. Bei gleichzeitiger Absenkung der Temperatur der Kältebereitstellung.

2.2 Differenzen zum idealen Stirling- Prozess

Wie man weiß sind solche idealen Prozesse nur theoretisch möglich. In Realität gibt es verschieden Punkte, welche die Leistungszahl, also den Wirkungsgrad sinken lassen. Wie in allen Maschinen kommt es natürlich auch bei der Stirling Maschine zu Reibungsentwicklung während der Bewegung der einzelnen Komponenten der Maschine sowie der Bewegung der Teilchen, welche die Leistung der Maschine reduzieren. Darauf lässt sich aber verhältnismäßig wenig Einfluss nehmen, deshalb werden im Folgenden nur die bedeutendsten Abweichungen beschrieben.

Zunächst kann die Bewegung der Kolben nie ganz kontinuierlich sein, dazu wären unendlich große Beschleunigungskräfte von Nöten, die aber bisher noch nicht entwickelt oder entdeckt wurden. In Realität werden die Kolben oft durch Kurbeltrieb oder ein Schiefscheibentriebwerk angetrieben. Dadurch dass die Kolben sich also diskontinuierlich bewegen, kann es folglich auch zu keiner isochoren Änderung des Gaszustandes kommen. Des Weiteren lässt es sich nicht vermeiden, dass Kompression und Expansion nicht völlig steril ablaufen. Das bedeutet, dass das Arbeitsgas bereits im Kompressionsraum teilweise expandiert und ebenso im Expansionsraum teilweise komprimiert wird. Die Nebenprodukte dieser Prozesse lassen sich aber nicht nutzbar machen, wodurch die Kälteleistung ebenfalls abnimmt. Außerdem geht man im idealen Stirling- Prozess davon aus, dass Wärme nur über die Zylinderwände entweicht und damit alle Wärme, die auf diesem Weg entweicht, später wieder zu 100 Prozent zu Verfügung steht. Dafür haben die Zylinderwandungen aber zu geringe Wärmeübertragungsflächen, was zwei weitere Räume notwendig macht, die zusätzlich Wärme übertragen. Das wiederum aber macht die isotherme Zustandsänderung unmöglich, da das Medium in diesen zusätzlichen Räumen für die Kolben nicht greifbar ist. Somit nicht direkt an dem laufenden Prozess beteiligt ist. Somit stellen die zusätzlichen Räume für den Prozess einen Totraum dar. In ihm wird das Volumen- und Druckverhältnis der Maschine nach unten verändert und somit nimmt die Kälteleistung ab. Das gilt auch für die Spalten zwischen Zylinder und Kolben. Ein anderes Hauptproblem stellt der Regenerator dar.

Der Regenerator bräuchte unendlich große Wärmekapazität. Das bedeutet, dass während des ganzen Zyklus, sich die Temperatur des Regenerators nicht verändern dürfte. Außerdem bräuchte er entweder einen unendlich großen Wärmeübertragungskoeffizienten oder eine unendlich große Wärmeübertragungs-fläche, um zu gewährleisten, dass die Temperatur des Arbeitsmedium im Regenerator an allen Stellen, auch am Rand, gleich ist.

Des Weiteren dürfte der Regenerator keine Toträume besitzen, damit es nicht zu Strömungsverlusten kommt. Es wird deutlich, dass kein Regenerator diese Anforderung erfüllen kann, deshalb werden Kompromisse bei der Konstruktion geschlossen. Zum Beispiel erhöht man die Strömungsgeschwindigkeit, um den Wärmeübertragungskoeffizienten zu steigern, geht damit aber erhöhte Druckverluste beim Durchströmen ein. Um nun einen Regenerator bewerten zu können, berechnet man den Wirkungsgrad, der sich aus dem Verhältnis von Wärmemenge, die wirklich abgegeben wird und der, die maximal möglich wäre.

Um nun Stirling- Maschinen allgemein beurteilen zu können, setzt man ihre Leistungsdaten in Verhältnis zur Carnot- Leistungszahl. Diese Zahl ergibt den Maximalwert einer Energieumwandlung und geht von einem reversiblen Prozess aus. Diese Zahl ist also nur theoretisch möglich. Dennoch ist sie recht nützlich, um die Stirling Maschine bewerten zu können. Aus diesem Vergleich ergibt sich der Gütegrad υ.

$$\upsilon = \frac{\varepsilon}{\varepsilon_C}$$

Es ist natürlich das Ziel sich immer mehr der Carnot- Leistungszahl zu nähern. Zur Erreichung gibt es verschiedene Arten. Im Folgenden werden verschiedene Grundarten von Stirling- Maschinen beschrieben.

2.3. Arten von Stirling- Maschinen

An den Grundvorrausetzungen des Stirling- Prozesses ändert sich bei allen Maschinen nichts. Sie alle müssen mindestens zwei Arbeitsräume und einen Regenerator haben, was sich aber unterscheidet ist zum Beispiel die Anzahl von Kolben und deren Aufgaben.

Die einfachste Bauart der Stirling- Maschine stellt sich durch den α-Typ Stirlingmotor dar. Die Zustandsänderungen des Arbeitsmediums werden von zwei Kolben vollzogen. Die beiden Kolben arbeiten mit gleicher Frequenz, jedoch Phasen verschoben. Der Vorteil des α-Typ Stirlingmotor besteht in seiner einfachen und daher billigen Bauweise.

Etwas komplexer ist da der Stirling Motor des β- Typs. Bei ihm gibt es nur einen Kolben, an der Stelle des Zweiten ist ein Verdränger eingebaut. Eine durch den Arbeitskolben geführte Verdrängerstange treibt den Verdränger an. Die Komplexität besteht hier in der notwendigen Abdichtung und dem sehr aufwendigen Kurbeltrieb. Um dennoch eine Platzsparende Bauweise zu erreichen, werden oft der Regenerator und die Wärmeübertrager in Form eines Ringes um den Zylinder gebaut. Der Vorteil der β- Typ Maschine liegt im Unterschied zwischen Kolben und Verdränger. Der Kolben verrichtet nämlich bei jeder Bewegung Arbeit, da auf beiden Kolbenseiten unterschiedliche Drücke vorherrschen. Das Ausgleichen der Strömungsverluste beim Verschieben des Arbeitsmediums ist dagegen lediglich die Aufgabe des Verdrängers. Somit entsprechen die Verluste des Strömungsdruckes nur denen des Druckunterschiedes. Aus diesem Grund können die Dichtungen zwischen Verdränger und Zylinder bedeutend einfacher sein. Daher werden die Verluste durch Reibung verringert. Dadurch, dass sich Kolben und Verdränger im selben Zylinder befinden und daher ergänzen, kann das Volumenverhältnis positiv erhöht werden, was wiederum positive Auswirkung auf die Leistungsdichte hat (vgl. Mai, M.: 2003, S. 19 f.).

Eine dritte Art sind die so genannten Split- Stirling- Maschinen, oder auch γ-Typ Maschinen. Sie zeichnen sich dadurch aus, dass der Verdränger räumlich von dem Kolben getrennt ist, was zur Folge hat, dass der Antrieb von der Kühlstelle losgelöst arbeiten kann. Die Vibrationsarmut im Verdrängerteil ergibt sich dadurch als Vorteil. Als Nachteil erweist sich diese Spaltung jedoch durch die Trennung des Kompressionsraumes, so wird das Volumen der Kompression niemals null, da sich der Kolben stetig bewegt. Dennoch gestaltet sich der Aufbau dadurch einfacher, dass die Stange des Verdrängers nicht mehr am Kolben hängt.

3. Kältemaschinen

Nachdem die Stirling- Maschine nun grundlegend erklärt wurde, wird es im weiteren Verlauf darum gehen die Stirling- Kältemaschine durch zwei Beispiele eingehender zu beschreiben. Zunächst wird als eine der ersten Kältemaschinen überhaupt die Philips Typ- A in den Vordergrund gerückt, um danach die Solo 161 näher zu betrachten.

3.1. Philips Typ- A

In der schon 1955 entwickelten Maschine findet man den Kolben und einen Verdränger im selben Zylinder, wir sprechen daher von einer β- Typ Maschine. Auch hier verrichtet der Kolben die Arbeit und der Verdränger ist für das Verschieben des Arbeitsmediums zuständig. So befindet sich das Arbeitsgas, meistens Helium, während der Abwärtsbewegung des Kolbens im

Expansionsraum über dem Verdränger und bei der Aufwärtsbewegung des Kolbens im Kompressionsraum unter dem Verdränger. Äußerst geringe Druckunterschiede entstehen dabei durch die Verluste bei der Strömung im Regenerator und kalten Wärmetauscher. Aus Bild 3-1 wird ersichtlich, dass eine Kurbelwelle den Verdränger sowie den Kolben antreibt. Der Kolben wird durch zwei Pleuelstangen an einem Kolbenbolzen angetrieben.

Bei dem Verdränger verrichtet das eine Pleuelstange, ein Kreuzkopf und die Verdrängerstange, die durch den Kolben führt.

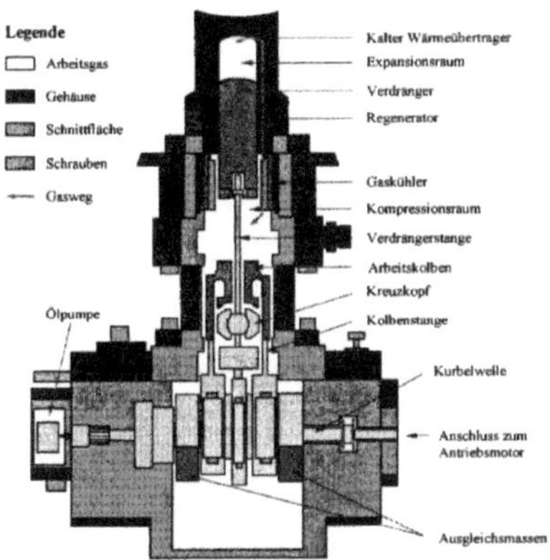

Bild 3-1: Darstellung einer Philips Typ A Stirling Maschine (Mai, M.: 2003, S. 24)

Um Reibung zu vermindern wird der Kolben durch Öl geschmiert. Ein Problem dabei ist, dass kein Öl in den Arbeitsraum darf. Deshalb befinden sich zusätzlich ein Ölabstreifring und zwei Kolbenringe am Arbeitskolben. Die Wärmeaustauscher verbinden Kompressions- und Expansionsraum miteinander. Das Arbeitsgas kann durch Schlitze im Kühler und im kalten Wärmetauscher, die beide aus Kupfer sind, eindringen. Kupfer ist ebenfalls das Material aus dem die aufeinander liegenden Lagen von Drähten des Regenerators bestehen (vgl. Schiefelbein, K. 1997, S. 115 ff.).

3.2. Solo 161 Kältemaschine

Die Solo 161 ist im Gegensatz zur Philips Typ- A eine neuere Maschine. Sie ist aus dem Solo 161 Stirling Motor hervorgegangen. Dieser war aber keine Kältemaschine. Somit mussten die Wärmeübertrager noch an das Anforderungsprofil von Kältemaschinen angeglichen werden. Prinzipiell wurden aber viele Elemente des Solo 161 Stirling Motors und seines Vorgängers des V 160 Stirling Motors übernommen.

Wie in Bild 3-2 anschaulich dargestellt werden kann, besteht die Solo 161 Kältemaschine aus zwei Zylindern, die in V- Form angeordnet sind. Dabei beträgt der Winkel zwischen dem Verdichtungs- und Arbeitszylinder 90 Grad. In den Zylindern arbeitet jeweils ein Kolben, es gibt also keinen Verdränger, daher spricht man von einer Maschine des α- Typs. Die Kolben, die ohne Schmierung in den Zylindern laufen, werden durch Kurbeltrieb angetrieben. Damit der Arbeitsraum ölfrei bleibt, aber dennoch die Reibung beim Kurbeltrieb durch Ölschmierung vermindert werden kann, sind die Pleuel mit denen die Kolben über Stangen verbunden sind, durch Manschetten abgedichtet. Um unerwünschten Strömungsverlusten entgegenzuwirken, wird als Arbeitsgas meistens das Edelgas Helium verwandt.

Bild 3- 2 Schematische Darstellung einer Solo 161 Stirling- Maschine
(http://home.germany.net/101-276996/howdo.htm (Ablesedatum 06.12.04))

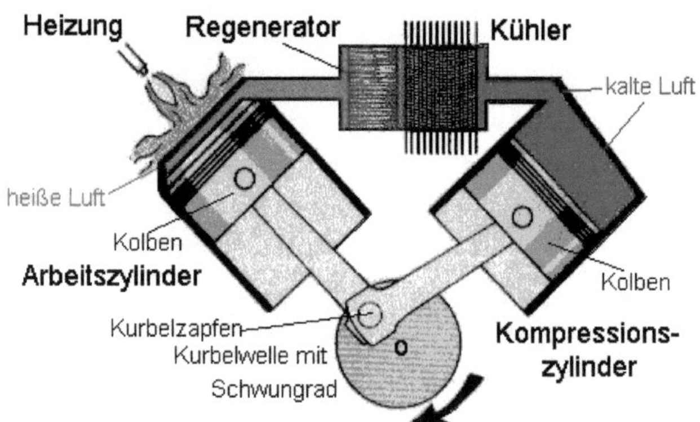

Der Arbeitsmitteldruck ist in einem Bereich von 30 bis 150 bar einstellbar, ebenso der Drehzahlbereich, der zwischen 1000 und 1500 min^{-1} frei wählbar ist. Damit ist die Solo 161 Kältemaschine in der Lage unter Vollbelastung wie unter Teilbelastung gute Leistungsdaten zu erreichen. So ist „Bei einer Kälteleistung von 30% der Maximalleistung (...) die Leistungszahl nur etwa 8% unterhalb der Leistungszahl, die bei maximaler Leistung erreicht wird."(Mai, M.: 2003, S. 27). Somit kann die Maschine auch bei geringer Kälteleistung lange Zeit betrieben werden.

Es zeigt sich, dass Stirling- Kältemaschine eine Reihe positiver Eigenschaften haben. Ob sie nun auch für den industriellen Einsatz geeignet sind, das heißt, ob sie die Anforderungen, die von der Industrie, von der Umwelt und der Politik gestellt werden, erfüllen, soll im Weiteren untersucht werden.

4. Anwendung der Stirling- Kältemaschine als Kühlaggregat

In den bisher behandelten Kapiteln ging es darum zu zeigen, was eine Stirling- Maschine ist, wie sie funktioniert und welche Arten es gibt. Es sollte auch gezeigt werden, wie einige dieser Arten praktisch umgesetzt wurden. Das sollte die Grundlagen schaffen, um sich mit der Frage auseinanderzusetzen, ob es denn praktische Anwendungsbereiche für Stirling- Kältemaschinen gäbe. Es soll außerdem geklärt werden, wo die Vorteile, wo die Nachteile und wo potentielle Chancen von Stirling- Kältemaschinen für die Zukunft liegen.

Man setzt zwar heutzutage schon Stirling- Maschinen im Bereich der Kältetechnik ein. Doch werden Stirling- Kältemaschinen in sehr kalten Temperaturbereichen zwischen −253 und -193°C eingesetzt, diese stellen aber Randgebiete der Kältetechnik dar. Wirtschaftlich interessanter wäre durchaus eine Anwendung in höheren Temperaturbereichen, da dort die Massenproduktion von Kälteanlage verbreiteter ist und nicht nur einzelne Sondermaschinen benötigt werden. Verschiedene theoretische Experimente haben sogar gezeigt, dass Stirling- Kältemaschinen Potential haben, für herkömmliche Kaltdampf- Kältemaschinen eine Konkurrenz darzustellen. Wir man in Bild 4-1 erkennen kann sind hier die herkömmlichen Kaltdampf- Kältemaschinen untersucht worden, indem man sie dadurch bewertet, dass man die Temperatur der Kältebereitstellung in Verhältnis zum erreichten Wirkungsgrad setzt. Interessant sind hier zum Vergleich die Werte, die Stirling- Kältemaschinen erreichen. Man kann erkennen, warum sie bisher bei höheren Temperaturen der Kältebereitstellung kaum Anwendung finden. Da viele Kältemittel gerade in dem Bereich zwischen +10°C und -30°C bessere Wirkungsgrade aufweisen und damit die Stirling- Maschinen nicht zu einer reellen Alternative werden. Jedoch fallen auch zwei andere Punkte auf. Zum Einen, dass das Verhältnis zwischen Wirkungsgrad und Temperatur der Kältebereitstellung sich mit abnehmender Temperatur zunehmend zum Vorteil für Stirling- Kältemaschinen entwickelt. Zum Anderen wird das Konkurrenzfeld im tiefen Temperaturbereich immer dünner.

Bild 4- 1: Kältebereitstellungsmittel im Vergleich
(http://bine.info/pdf/infoplus/stirlingklteindustrie.pdf (Ablesedatum 09.12.04))

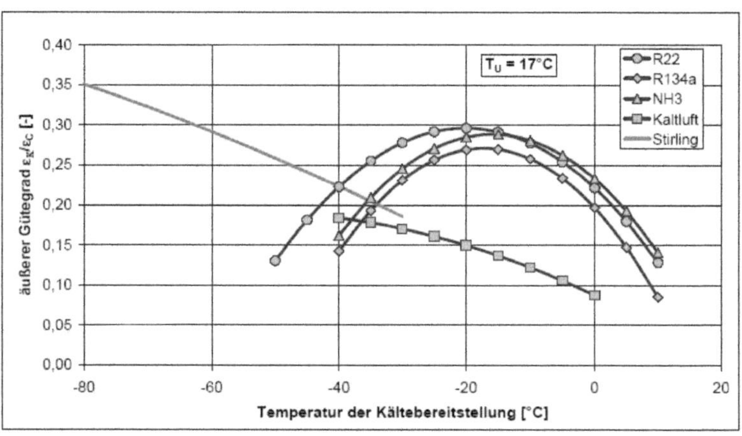

Man sieht weiterhin, dass in Bild 4-1 die Darstellung der Kältebereitstellungstemperatur bereits bei -80°C endet. Wie man aber weiß, werden schon heute Stirling- Kältemaschine in bedeutend tieferen Bereichen eingesetzt, damit zeigt sich ihr besonders flexibler Einsatzraum. Sie können nahezu in allen Temperaturbereichen eingesetzt werden. Man erkennt daran einen ganz klaren Vorteil gegenüber Kaltdampf- Kältemaschinen, die fixe Temperaturen der Kältebereitstellung aufweisen, welche sich aus den Drucklagen bei Verdampfungs- und Verflüssigungsprozessen des in ihnen eingesetzten

Kältemittels ergeben. Um flexibler oder in tiefere Temperaturbereiche vorzustoßen, wären hohe Kosten nötig, um die Maschinen so zu konstruieren, dass sie die Drücke aushalten. Dahingegen sind bei Stirling- Kältemaschinen nur Veränderungen im Drehzahlbereich oder beim Arbeitsgasdruck nötig, um die Kältebereitstellung in den gewünschten Bereich zu bewegen.

Dazu kommt, dass es bei Stirling Maschinen wenige Probleme mit dem Betrieb an sich gibt. Die einzige Komponente, die gewartet werden muss, sind die Kolbenringe, die nach etwa 10.000 Betriebstunden trockenlaufen und ausgetauscht werden müssen.

Es zeigt sich also, dass Stirling Kältemaschinen gerade bei der energetischen Beurteilung ihres Einsatzes in der Kältetechnik viele Vorteile gegenüber den Kaltdampf- Kältemaschinen aufweisen. Ein wichtiger Punkt, der natürlich gegen Stirling- Kältemaschinen spricht, sind die hohen Anschaffungskosten, die aber durch großflächigen Einsatz nach ihrer Einführung gesenkt würden.

Im nun folgenden Teil sollen verschieden Anwendungsbereiche für Stirling- Kältemaschinen beschrieben werden. Es soll zunächst gezeigt werden, wo die Vor- und Nachteile derzeit liegen. Aber auch inwieweit die Maschine vielleicht noch Potential aufweist, höhere Bedeutung zu erlangen.

4.1 Anwendungsgebiete

Die nun folgenden Anwendungsgebiete für die Stirling- Kältemaschine sollen nach Temperaturbereichen gegliedert werden, beginnend beim tiefsten Temperaturbereich zwischen 20 bis 50K (-253 bis -223°C). In diesem Gebiet werden Stirling- Maschinen für die Kühlung von mikroelektronischen Baukomponenten und im Bereich der Spektroskopie eingesetzt. Bisher ist dieser Markt noch eher unbedeutend, aber gerade die Spektroskopie gewinnt durch die steigende Nachfrage aus der Medizintechnik immer mehr an Gewicht. Durch Spektroskope lassen sich Tumore oder ähnliche innere Krankheiten von außen schmerzfrei für den Patienten durchführen.

Das nächste Einsatzfeld ist wohl nach der Neuentdeckung der Stirling Kältemaschine durch die Firma Philips wohl eines der Ältesten. Es geht hier um die Luftverflüssigung und die Hochtemperatursupraleitung (HTSL). Man bewegt sich bei Temperaturen zwischen 50 und 100K. Die Entwicklungen von 1955 wurden nicht verworfen und bis heute werden, zwar nur eine sehr kleine Zahl, etwa 100 jedes Jahr, hergestellt. Dagegen haben Miniatur- Kryokühler etwas andere Zahlen aufzuweisen. Über 100.000 Stück werden pro Jahr verkauft. Dieses System beruht auf dem Stirling Kälteprozess, jedoch wurden kleine Änderungen vorgenommen. Warm- und Kaltteil sind nun voneinander entfernt und nur durch eine dünne Überstromleitung verbunden. Das verringert die Vibration, die bei Stirling- Maschinen ohnehin schon gering ist nochmals enorm. Dadurch nimmt natürlich die Kälteleistung enorm ab. Sie liegt bei einer Kältebereitstellung von 77K nur bei ein bis zwei Watt. Somit kann der Miniatur- Kryokühler weniger zum Abkühlen als zum Verhindern von Erwärmung verwendet werden. Sehr gefragt ist das System besonders beim Militär. Dort kühlt es Infrarotsensoren von Lenkwaffen. Aber auch in der Industrie steigt das Interesse. Dadurch dass die Bedeutung der Hochtemperatursupraleitung steigt, werden in diesem Bereich für Kühler für die Übertragung in der Telekommunikation oder zerstörungsfreie Werkstoffprüfung gesucht.

Der nächste Teilbereich, der betrachtet werden soll, ist die Erdgasverflüssigung. Diese Kältemaschinen haben einen ähnlich einfachen Aufbau wie die Philips Stirling- Maschinen und bewegen sich im Bereich von 100 bis 150K. Bisher gibt es kaum Maschinen, die in diesen Temperaturbereichen mit einer ähnlich einfachen Bauweise zu vergleichbaren Gütegrade kommen. Trotzdem ist ihr Einsatzgebiet hier sehr begrenzt. Schuld daran ist die Kälteleistung, die im höchsten Falle nur bei 50kW liegt, was davon kommt, dass die Stirling- Maschine eine Kolbenmaschine ist. Ein weiteres Problem ist, dass der Bedarf an flüssigem Erdgas so hoch ist, dass es großindustriell durch das Linde- Verfahren gefertigt wird. Dabei liegen die Kosten natürlich weit unter dem, was mit einer Stirling- Kältemaschine möglich wäre.

Im Bereich zwischen 150 bis 200K befinden wir uns bei der Kryomedizin. Bisher wird hier zur Kühlung flüssiger Stickstoff verwandt, doch durch die rasant fortschreitende Entwicklung, wird es bald zu einer Einführung von Kältebereitstellung kommen, die durch Maschinen produziert wird. Jedoch erkennt man hier das schon erwähnte Problem der zu tiefen Temperaturbereiche für einfache Kaltdampf- Kältemaschinen. Gerade beim Lagern oder sogar Gefrieren von Blutplasma werden Temperaturen benötigt, die Stirling Maschinen sehr entgegenkommen. Da sie bei tiefen Temperaturbereichen bessere Kälteleistungen erbringen und sich darüber hinaus auch noch durch eine einfache Bauweise zu einer lohnenden Investition herausstellen könnten, bietet die Kryomedizin mit ihrem weiter wachsenden Aufgabenbereich eine Möglichkeit Stirling-Kältemaschinen hier einzusetzen.

In der Industriekälte, die Temperaturen von 170 bis 230K benötigt, werden Kältemaschinen für die Gefriertrocknung, für physikalische und chemische Prozesse und in der Lösungsmittelkondensation benötigt. Dieser Bereich soll im weiteren Verlauf der Arbeit intensiver untersucht werden, da er aussichtsreiche Möglichkeiten für Stirling- Kältemaschinen bietet.

Daher wird nun das Schnellgefrieren bei einer Temperatur von 220 bis 240K betrachtet. Forderung dabei ist heutzutage immer mehr, ein Lebensmittel möglichst schnell einzufrieren, um die Geschmacksstoffe, bei Lebensmittel zum Beispiel, nicht vom Zellwasser zu trennen und somit eine höchstmögliche Qualität des Produktes zu sichern. Daher ist die Einfriergeschwindigkeit hier der entscheidende Faktor. Sie ergibt sich aus der Differenz der Temperatur von Kühlgut und dem Raum, in dem es gekühlt werden soll. Dabei haben Stirling Kältemaschinen gute Aussichten an Bedeutung auf diesem noch auszubauendem Wachstumsmarkt zu gewinnen, weil sie die Temperatur extrem weit herabsetzen können und daher mit hohen Einfriergeschwindigkeiten arbeiten können.

Der letzte Bereich auf dem sich das Focus der Betrachtungen richten soll ist die Tiefkühlung bei 230 bis 265K. Auch mit diesem Thema soll sich nun im Folgenden stärker befasst werden, da es ebenfalls wie die Lösungsmittelkondensation Möglichkeiten für die Stirling Kältemaschine gibt in diesen Bereich vorzudringen.

4.2 Einsatz von Stirling Kältemaschinen in der Tiefkühlung in Supermärkten

Um die Chancen von Stirling- Kältemaschinen in der Tiefkühlung in Supermärkten bewerten zu können, muss man sich vor Augen führen, dass es im Bereich der eingesetzten Kältemittel nur Kohlenstoffdioxid und Wasser gibt, die völlig unschädlich und unbrennbar sind. Zieht man nun die Stirling- Maschinen dazu, muss man die Liste noch mit Helium und Wasserstoff, die als Arbeitsgas im Stirling- Prozess verwandt werden können, ergänzen. Neben der Tiefkühlung in Supermärkten wäre auch der Einsatz in Kühlschränken und in der Fahrzeugtechnik denkbar. Um aber bisherige Kältemaschinen durch Stirling-

Kältemaschinen zu ersetzen, müssen mindestens zwei Kriterien erfüllt werden. Zum Einen müssen die Stirling- Kältemaschinen vor allem im Gütegrad konkurrenzfähig zu den herkömmlichen Kaltdampf- Kältemaschinen sein. Zum Anderen muss das Einsatzgebiet für die Maschinen so gewinnbringend sein, dass sich eine Weiterentwicklung lohnt.

Der Markt der Haushaltskühlschränke wäre demnach ein sehr interessanter Markt. Die Kaltdampf- Kältemaschinen sind in diesem Bereich bisher konkurrenzlos. Einerseits hat die Stirling Maschine das Problem mit den tockenlaufenden Kolbenringen, die nach 10.000 Betriebsstunden, also etwa nach 14 Monaten durchgängigen Betriebs, ausgetauscht werden müssen. Dem gegenüber stehen bisherige durchschnittliche Laufzeiten von Kühlschränken von zehn Jahren. Andererseits sind Kühlschränke mit derzeitiger Kühltechnik bedeutend billiger, was sich auf die großen Stückzahlen begründet. Zusätzlich haben Stirling- Kältemaschinen ein Problem mit der Kälteleistung, die im Normalfall bei 250W liegt und nur durch den Einbau von zusätzlichen kompakten Wärmetauschern und einem flüssigen Kühlmedium. Beides ist natürlich möglich, führt aber zu noch höheren Kosten und zu einer größeren Maschine.

In der Fahrzeugklimatechnik setzt sich dieses Problem fort. Auf dem hart umkämpften Fahrzeugmarkt versucht man natürlich die Kosten auf ein Minimum zu reduzieren und da stellt die Klimatechnik einen zu unwichtigen Gesichtspunkt im ganzen Konzept dar, als dass es zu weiteren Entwicklungen käme. Des Weiteren ist bei Fahrzeugen natürlich das Platzangebot eher begrenzt, so dass Kältemaschinen neben der Erfüllung der Kälteleistung auch an den Platz angepasst werden. Daher ist auch dieser Bereich eher ungeeignet für Stirling Kältemaschinen.

In der Tiefkühlung in Supermärkten sind die zusätzlichen Anlagen der Stirling- Kältemaschine, um konkurrenzfähige Leistungen zu erreichen kein Problem. Der Markt der Tiefkühlung hat sich erst in den letzten Jahren geöffnet, da Kältemittel, welche die Anforderungen erfüllen, langsam rar werden. Das Kältemittel R502 wurde bereits verboten und R22 in allen Neuanlagen seit 2000 ebenfalls. Als Ersatzmittel werden halogenierte Fluorkohlenwasserstoffe verwandt, die zwar nicht mehr ozonschädigend, dafür aber treibhausfördernd, sind. Kälteanlagen besonders Supermärkte haben heute einen nicht unwesentlichen Anteil an der Verstärkung des Treibhauseffektes, daher wird nach Alternativen gesucht. Bisher bieten sich zwei Möglichkeiten an. Man löst die Kaltdampf- Kälteanlage durch Kälteanlage, deren Kälteträger einen Kreislauf durchlaufen, ab. Dabei würde eine Reduzierung der Kältemittelfüllmenge zu einer erheblich geringeren Belastung beitragen. Die Reduzierung würde durch das Abführen der Kondensationswärme an den Flüssigkeitskreislauf erreicht.

Die andere Möglichkeit wäre die Verwendung eines natürlichen Kältemittels anstelle der synthetisch Schädlichen. In Frage kämen Ammoniak oder Propan. Da diese aber brennbar und giftig sind, können sie gerade bei der Tiefkühlung in Supermärkten nur in sehr begrenzten Maßen eingesetzt werden, aber auf keinen Fall in den Kühleinrichtungen innerhalb des Supermarktes. Daher muss der Kondensator wassergekühlt sein, um die Kältemittelfüllmengen zu reduzieren.

Daraus ergibt sich, dass die Zukunft eine Mischung aus den beiden Möglichkeiten formt. Es werden also Tiefkühlanlagen mit durch Wasser gekühltem Kälteträgerkreislauf eingesetzt. Dennoch bietet dieser Bereich ein potentielles Entwicklungsfeld für Stirling Kältemaschinen.

Die tiefe Temperatur ist für die Stirling Maschine eher ein Einsatzgebiet als in der Fahrzeugindustrie oder bei Haushaltskühlschränken, wo Temperaturen um den Gefrierpunkt benötigt werden. Wie bereits gezeigt wurde, weisen Stirling Kältemaschinen im Bereich um -35°C bereits konkurrenzfähige Leistungsdaten auf und haben deswegen im Gebiet der Tiefkühlung gute Chancen. Der andere Gesichtspunkt der zu untersuchen ist, ist die Kostendeckung für die Entwicklung. Auch da haben Stirling Kältemaschine auf Grund der Größe des Marktes gute Aussichten weiterentwickelt zu werden.

Realistisch muss man allerdings sagen, dass es heute wegen des „Preisdumpings", was auch der Größe des Marktes zu verdanken ist, sehr schwierig ist für noch zu entwickelnde Maschinen Fuß zu fassen. Gerade, weil die Stirling Kältemaschinen umso bessere Leistungsdaten erbringt, desto tiefer die Temperaturen werden, ist in der nächsten Zukunft ein Einsatz hier nicht denkbar, sollte aber wegen der Lukrativität des Marktes im Auge behalten werden.

5. Anwendung in der Lösungsmittelkondensation

Wie man erkennen kann, sind der derzeitige Einsatz und die Möglichkeiten zum Einsatz zu kommen für Stirling Kältemaschine, obgleich ihrer guten Leistungseigenschaften in der Kältetechnik eher begrenzt. Es scheint, dass ihre Anwendung auf Randgebiete in tiefen Temperaturbereichen begrenzt bleibt. Eine vielleicht mögliche Einsatzmöglichkeit bietet sich jedoch in der Lösungsmittelkondensation, da es hier Stirling- Kältemaschinen, gerade auf Grund ihrer Eigenschaften bei sehr tiefen Temperaturen, schaffen könnten, nicht nur Konkurrenz zu sein, sondern sogar bisherige Verfahren zu ersetzen.

Darum soll im letzten Teil die Lösungsmittelkondensation und die Anwendungsmöglichkeiten von Stirling- Kältemaschinen in ihr untersucht werden, um vielleicht doch noch eine positive Bewertung der Anwendung von Stirling-Kältemaschinen in der Kältetechnik vornehmen zu können. Zunächst soll das Prinzip der Lösungsmittelkondensation erklärt werden, um zu verdeutlichen, wo die Chancen liegen.

5.1. Das Prinzip der Lösungsmittelkondensation

Lösungsmittelkondensation findet heutzutage breite Anwendung. Überall da, wo organische Lösungsmittel verwandt werden, braucht man sie. Zum Beispiel werden organische Lösungsmittel in der Chemie angewandt, um entweder Teil einer chemischen Reaktion zu sein, oder um eine Reaktion auszulösen. Des Weiteren werden sie in der Textilindustrie genutzt, um Stoffe zu reinigen. Das Einsatzgebiet, welches aber jetzt untersucht werden soll, ist die Industrie. Dort finden organische Lösungsmittel gerade in der Oberflächenbehandlung Verwendung. Sie werden zum Beispiel eingesetzt, um Werkstücke zu entlacken, sauber zu machen oder von Fett zu befreien. Das Problem ergibt sich daraus, dass die organischen Lösungsmittel, die für die Industrie in diesem Bereich von Nutzen sind, schädlich sind. Daher gibt es gesetzliche Richtlinien, die den Gebrauch einschränken. Die Lösungsmittel, die vor allem genutzt werden, sind Tetrachlorethen, Dichlormethan und Trichlorethen. Die gesetzlichen Vorgaben erstrecken sich nun darauf, die Abgase von Anlagen, die diese Lösungsmittel verwenden, zu reduzieren.

Eine Solche ist, zum Beispiel, eine Anlage zur Reinigung von Werkstücken, die so genannte Oberflächenentfettungsanlage. Sie wird benutzt, um Werkstücke von Kühlschmierstoffen zu entfetten. Kühlschmierstoffe sollen in der Fertigungstechnik die Reibung bei den Prozessen verringern und arbeiten dabei am effektivsten, wenn sie einen dünnen Film auf dem Werkstück bilden. Dieser muss natürlich nach der Arbeit wieder entfernt werden. Dazu gibt es mehrere Möglichkeiten. Eine ist die Verwendung eines wässrigen Reinigungsmittels, bedeutend bessere Leistungen bringt aber die Reinigung in einer Oberflächenentfettungsanlage durch organische Lösungsmittel. Diese funktioniert nach dem Prinzip, das Werkstück mit kondensiertem Lösungsmittel zu reinigen. Das Lösungsmittel wird als Dampf eingesetzt, um an allen Stellen zu reinigen. Dabei entstehen hohe Drücke und Temperaturen. Das Problem ergibt sich nun bei der Abgabe des bei der Reinigung entstandenen Abgases, welches eine hohe Konzentration des Lösungsmittels in sich aufweist. Man hat nun verschiedene Möglichkeiten diese Konzentration zu reduzieren. Die Gebräuchlichste ist die Adsorption, bei der sich das Lösungsmittel an Feststoffe anlagern soll und auf denen es dann auf Grund des Konzentrationsgefälles verschmilzt. Durch diesen Prozess werden an den Feststoff hohe Anforderungen gestellt. Aktivkohle ist der Stoff, der diese Anforderung, zum Beispiel nach einer großen Oberfläche, mit am besten erfüllt. Dennoch machen sich auf diesen so genannten Aktivkohlefiltern auch die Spuren der Adsorption bemerkbar und der Filter muss innerhalb gewisser Intervalle gereinigt und regeneriert werden. Das führt zum Einen zu hohen Kosten, verbunden mit der Reinigung, aber auch zu hohen Kosten, verbunden mit dem Arbeitsausfall der Maschine. Beides ist der Industrie wohl eher unerwünscht. Deswegen macht man sich Gedanken, wie man entweder die Lebensdauer der Aktivkohlefilter durch Entlastung erhöhen kann oder wie man auf diesen vielleicht ganz verzichten könnte. Eine Alternative wäre es, eine vorzeitige Kondensation vor dem Durchlaufen des Filters durchzuführen. Diese Kondensation, etwa bei einer Temperatur von −50°C, hätte als Ziel eine vorzeitige Reduzierung der Lösungsmittelkonzentration im Abgas. In diesem Bereich fangen aber die Kaltdampf- Kältemaschinen ihre Wirkung zu verlieren, dagegen wäre man aber an einer noch weiteren Absenkung interessiert. Eine andere Alternative ist die

Lösungsmittelkondensation bei noch tieferen Temperaturen, die dann so tief wären, dass gar keine Adsorption mehr statt finden müsste. Diese kryogene Lösungsmittelkondensation verwendet flüssigen Stickstoff, um entsprechend tiefe Temperaturen zu erreichen.

Die Kryokondensation soll auch im weiteren untersucht werde, weil sich Stirling-Kältemaschinen dort bessere Möglichkeiten bieten. Das kommt vor allem davon, dass die Maschinen gerade bei tieferen Temperaturen der Kältebereitstellung ihre Vorteile ausspielen können. Außerdem ist man in der Industrie mehr daran interessiert ein Verfahren ohne den teuren Aktivkohlefilter zu untersuchen, als ein neues Verfahren mit dem Filter, da damit Kosten nur minimal gesenkt werden können.

5.2 Anwendung in der Kryokondensation

Härtester Konkurrent der Stirling- Kältemaschine in der Kryokondensation ist der flüssige Stickstoff, deshalb sollen zunächst einmal dessen Vor- und Nachteile aufgeführt werden. Flüssiger Stickstoff schafft es die Temperatur des Kältebedarfs sogar noch zu unterlaufen, da der Siedepunkt von Stickstoff bei -196°C liegt und man aber von einem Kältebedarf von −90°C ausgeht. Das klingt erst einmal recht positiv, hat aber auch entscheidende Nachteile. Denn dadurch dass die Temperaturen so tief sind, kommt es zu Eis- und Nebelbildung in der Maschine und zu starken Temperaturdifferenzen beim Austritt des Arbeitsgases aus der Maschine, die den Lösungsmitteldampf schnell übersättigen lassen. Daher muss die Maschine zusätzlich isoliert werden und die Anlagenteile müssen den Anforderungen der tiefen Temperatur angepasst werden.

Man geht weiterhin davon aus, dass der Kältebedarf etwa bei -90°C liegt, das ist nämlich die Temperatur, die für das häufig eingesetzte Tetrachlorethen benötigt würde. Geht man nun weiterhin von einer Wärmeabgabe von 40°C aus, so wäre die Carnot- Leistungszahl fünfmal höher, als betrachte man das Gleiche bei einer Kältebereitstellung von -196°C. Somit sollte nach dem Prinzip verfahren werden, auch nur die Temperatur bereitzustellen, die benötigt wird, was eine flexible Bereitstellung der Temperatur erfordert.

Des Weiteren entstehen bei der Lagerung von flüssigem Stickstoff Lagerverluste, die schlechtere Leistungsdaten der Oberflächenentfettungsanlage zur Folge haben. So verliert zum Beispiel ein 1000l Gefäß mit flüssigem Stickstoff etwa zwei Prozent seines Inhaltes pro Tag. Selbst wenn die Behälter größer gewählt werden, ergibt sich immer noch ein Verlust von mindestens 0,5%. Das bedeutet, dass innerhalb nur einer Woche es Stickstoffverluste von 3,5 bis 14% gibt.

Flüssiger Stickstoff hat auf Grund der tieferen Temperatur der Kältebereitstellung auch einen hohen Kältebedarf, um nämlich die Anlagenteile und den Abgasstrom dieser Temperatur anzupassen. Im besseren Fall, dem Dauerbetrieb, wird dieser Mehrbedarf etwa mit 35% angegeben, bei einmaligem Betrieb liegt er dagegen bei 65%.

Nicht nur daraus ergibt sich ein Vorteil für Stirling- Kältemaschinen. Sie können nämlich wegen ihrer flexiblen Regelung des Arbeitsgasdruckes und der Drehzahl, die optimale Kältebereitstellung erreichen, daher erklärt sich auch der Kältemehrbedarf von flüssigem Stickstoff. Ein weiterer Vorteil von Stirling- Kältemaschinen kann man im benötigten Primärenergiebedarf sehen. Der bei einer Temperaturbereitstellung von -90°C sehr gering ist und durchaus durch regenerative Energieformen gestellt werden kann. Dagegen ist er bei der Herstellung von flüssigem Stickstoff verhältnismäßig hoch.

Beurteilt man also die Kältebereitstellung durch flüssigen Stickstoff und vergleicht diese mit der von Stirling- Kältemaschinen, so ergibt sich ein ganz klarer Vorteil für die Stirling- Maschinen. Abschreckend sind wohl die hohen Investitionskosten und die Entwicklungszeit bis zu Einführung. Aber in der Kryokondensation hat die Stirling- Kältemaschine noch echtes Potential. Vor allem weil sie jetzt schon alle Anforderungen in Bezug auf die Umweltverträglichkeit erfüllt, da der Energiebedarf bei Stirling- Kältemaschine auch durchaus durch regenerative Energieformen, denkbar wäre hier zum Beispiel Solarenergie, gedeckt werden kann.

6. Abschließende Bewertung

Das Ziel dieser Arbeit war es, die Stirling- Maschine als Kühlaggregat zu untersuchen. Dabei sollte geklärt werden, ob die Stirling- Kältemaschinen eine reelle Chance hätten eine lohnende Alternative in der Kältetechnik zu werden. Dazu wurde zunächst der Stirling Prozess, oder vielmehr seine Umkehrung untersucht. Danach wurde auf die Abweichungen eingegangen, die bei dem reellen Betrieb auftreten, um darauf einige Grundarten von Stirling- Maschinen zu erklären. Diese Grundarten finden dann auch praktische Anwendung in der Philips Typ- A und der Solo 161, die ebenso zum Thema der Betrachtung wurden.

Nach dieser grundlegenden theoretischen Einweisung in den Stirling Kälteprozess, wurde auf die Anwendung als Kühlaggregat eingegangen. Mehrere Anwendungsmöglichkeiten wurden dabei besprochen, um einen stärkeren Blick auf den Einsatz in der Tiefkühlung in Supermärkten zu werfen.

Im letzten Teil der Arbeit wurde auf die Lösungsmittelkondensation eingegangen. Zunächst wurden auch hier die Grundlagen durch Erklärung des Prozesses gelegt, um zuletzt die Anwendung in der Kryokondensation zu untersuchen.

Die Arbeit hat gezeigt, dass Stirling- Kältemaschinen eine Reihe positiver Eigenschaften besitzen, die in der Zukunft weiter erforscht werden sollten. Der Hauptnachteil bei Stirling- Kältemaschinen ist allerdings, dass es bisher keine passenden Anwendungsgebiete gibt. Dort wo sie in Temperaturbereichen oberhalb von -50°C eingesetzt werden könnten, sind die Eigenschaften der Stirling- Maschine nicht so herausragend, dass sie heute eine echte Konkurrenz zu den angewandten Kaltdampf- Kältemaschinen darstellten. Das kommt daher, dass die Leistungsdaten, im Besonderen der Wirkungsgrad erst mit abnehmender Temperatur besser werden. Das Problem ist jedoch, dass gerade der Markt bei einer Kältebereitstellung oberhalb von -50°C interessant wäre. Denn der Bedarf, zum Beispiel in der Tiefkühlung steigt stetig, so dass neue Verfahren, die bessere Leistungsdaten als die bisher Verwendeten aufweisen, schnell äußerst lukrativ sein könnten. Heute allerdings ist in diesem Bereich für Stirling- Kältemaschinen kein Platz.

So gibt es für Stirling Maschinen nur die Möglichkeit in tieferen Temperaturbereichen zu wirken. Hierbei ist das Problem, dass diese Bereiche entweder nur Randbereiche der Kältetechnik darstellen, was von dem verschwindend geringen Bedarf herrührt. Oder dass diese Bereiche auch noch Wachstumsmärkte sind, das heißt, das der Bedarf hier auch noch sehr gering ist. Aber in Bereichen der Hochtemperatursupraleitung oder der Kryomedizin ist durchaus Potential zu sehen, dass der Bedarf weiter steigt und somit das Verlangen nach einer adäquaten Kältemaschine. Hier muss die Forschung weiter arbeiten, um Stirling Kältemaschinen in diesem Bereich konkurrenzfähiger zu machen.

Ein Bereich, in dem bisher intensiv geforscht wird ist die Kryokondensation. Die Universität Essen entwickelt in Zusammenarbeit mit der Firma *Solo Kleinmotoren GmbH* eine Stirling Kältemaschine, die den Anforderungen der Kryokondensation gerecht wird. Diese Maschine hat eine Vielzahl positiver Merkmale. So zum Beispiel die gute Regelbarkeit der Kältebereitstellung, die durch die flexible Änderung der Drehzahl und des Arbeitsgasdruckes verursacht wird. Aus dieser Eigenschaft ergibt sich das gute Teillastverhalten der Kältemaschine, was sie zu einem energetisch sehr gut nutzbaren Dauerbetrieb befähigt. Außerdem hat sie gerade bei sehr tiefen Temperaturen, fast konkurrenzlos gute Leistungsdaten. Man geht dabei von 4kW bei einer Kältebereitstellung von -120°C aus. Bisher war es allerdings schwierig die reell benötigte Kältebereitstellung zu ermitteln. Ein anderer entscheidender Vorteil der Stirling Kältemaschine ist die geringe Umweltbelastung. Sie bedürfen keinerlei Kältemittel, die Ozonschicht zerstörend oder Treibhauseffekt fördernd wären. Diese Tatsache allein schon, gibt genug Berechtigung, die Forschung hier weiter voran zu treiben. Dazu kommt, dass Stirling- Kältemaschinen der Energiebedarf für den Prozess auch durch regenerative Energieformen gestellt werden kann. Das heißt, dass sich in naher Zukunft hier nicht das Problem der knappen Rohstoffe stellt.

Aus diesen Vorteilen wird ersichtlich, dass Stirling Kältemaschinen in der Kryokondensation sehr gute Chancen haben, was auch davon kommt, dass es kaum vergleichbare Verfahren gibt, die in diesen tiefen Temperaturbereichen arbeiteten. Im Rahmen dieser Arbeit wurde bereits gezeigt, dass der Einsatz von flüssigem Stickstoff, der bisher eingesetzt wird, prinzipiell schlechtere Eigenschaften aufweist.

Bleibt nur noch die Frage, ob die Kryokondensation nicht auch nur einen Randbereich in der Kältetechnik darstellt. Sicherlich sind die Möglichkeiten hier nicht vergleichbar mir der Tiefkühlung in Supermärkten, jedoch wird es hier dadurch interessant, dass Stirling Kältemaschinen ein gesamtes Verfahren ablösen könnten, nämlich die Adsorption mit Vorgeschalteter Kondensation. Das würde für die Industrie Kostenersparnisse bedeuten, da sie die Verwendung des aufwendig zu regenerierenden Aktivkohlefilters unnötig machen. Somit ist die Kryokondensation als neuer Entwicklungszweig zu sehen, der, nach entsprechender Erforschung, allein durch Stirling- Kältemaschinen seinen Bedarf decken würde.

Das liegt aber noch in ferner Zukunft. Noch bleibt die Nutzung von Stirling Kältemaschinen in den Randgebieten der Kältetechnik und ist den Hauptfeldern der Kältetechnik eher bedeutungslos. Abzuwarten gilt es, welche Ergebnisse die Forschung der Universität Essen im Bereich der Kryokondensation präsentiert.

Literaturverzeichnis

1) Mai, M.:

Stirling- Kältemaschinen zur Kältebereitstellung für die Lösungsmittelkondensation. 1. Auflage Düsseldorf 2003.

2) Schiefelbein, K.:

Theoretische und experimentelle Untersuchung von Stirling- Kältemaschinen für die Kältebereitstellung bei Temperaturen oberhalb von -40°C. 1.Auflage Düsseldorf 1997.

Zeitschriften:

3) Beck, P.:

Die Stirlingmaschine: Stand der Entwicklung und Zukunftschancen. In: MTZ Motortechnische Zeitung 58 1997. S. 510- 514

Internetquellen:

4) Hirata,K./Fette, P.

Wie arbeitet der Stirling Motor?. In: URL: http://home.germany.net/101-276996/howdo.htm (Ablesedatum 11.12.2004).

5) Solo Kleinmotoren GmbH

In: URL: http://www.stirling-engine.de/ (Ablesedatum 11.12.2004).

6) Schikora, H./ Mai, M./ Siegel A.

Stirling- Kältemaschinen für den industriellen Einsatz. In: URL: http://www.bine.info/pdf/infoplus/stirlingklteindustrie.pdf (Ablesedatum: 11.12.2004).